素料理達人
江豔鳳 著

大忙人的
電鍋素燉補

零失敗、免廚藝、提升免疫力的養生湯品天天做

朱雀文化

電鍋素燉補真簡單 一鍵就OK！

　　電鍋的發明，真是造福了不少人。不管是外宿族、小資族，甚至是遠赴異鄉唸書工作的人，行李箱裡都幾乎少不了它。尤其它更是大忙人的好幫手，完全不需要廚藝、也不用開火，只要輕輕一按，不用多久，就有美味的、營養的、養生的料理可以享用。

　　電鍋絕對不只是用來煮飯而已，燉湯、燉肉、燉菜等，樣樣都行，因此不要小看了它。這本書裡介紹了 60 道素燉補美味料理，不僅有鹹有甜，還有可以讓你元氣滿滿、養顏美容，甚至是顧脾胃排毒的燉補食譜，這些美味全部都是用電鍋做出來的，真的是「一鍋在手，一年四季都能補」，道道美食不重樣。

　　我喜歡大一點的電鍋，家裡使用的是 10 人份的，不論拿來煮飯、燉補、蒸東西等，都方便好用；如果家裡的空間及預算有限或是小家庭使用，那 6 人份大小的也很方便。

　　至於電鍋的材質，如果需要用到外鍋來煎煮炒炸，建議還是使用不鏽鋼材質較為安全，一分錢一分貨，讀者可以多加比較。

　　這本書我設計了 60 道利用電鍋就可以完成的燉補料理，為了方便讀者按圖索驥（如右頁），特別設計了食譜分量及難易度的標示；同時將材料與調味料分開，只要在料理前先準備好，動手製作就不會手忙腳亂；做法完整清晰，即使新手也很容易成功；另外在製作上的一些小訣竅或撇步，也呈現在 Tips 裡，建議讀者動手做之前可以先行閱讀。最後，學做菜也要長知識，「料理小學堂」裡提供了一些食物的典故及食材的介紹，希望大家會喜歡。

　　燉補是一年四季都可以進行的，只要用對食材、了解自己或家人的需求，就可以靠燉補來為自己、為家人增添一些元氣料理！希望你們會喜歡這本書，找個時間，為自己、為家人洗手做羹湯吧！

江艷鳳

如 何 使 用 本 書

分量清楚，方便準備

簡單或困難
新手不慌張

材料與調味料分開寫
料理不手忙腳亂

做法完整又清晰
容易成功不失敗

食材介紹或小典故
學做菜也要長知識

4 人份
難易度
★★

低卡的美味

豆奶鮮菇湯

材料：大白菜 200 公克、紅蘿蔔
20 公克、芥蘭菜 50 公克、鮮香
菇 4 朵、鴻喜菇 50 公克、美白
菇 50 公克、洋菇 60 公克、杏鮑
菇 60 公克、薑 10 公克、豆乳 700
公克、水 600c.c.

調味料：鹽 1 小匙

做法：
1. 大白菜洗淨切片；紅蘿蔔去
   皮切片；芥蘭菜洗淨切段備
   用。
2. 鮮香菇、洋菇洗淨；鴻喜菇、
   美白菇各去蒂頭洗淨；杏鮑菇
   洗淨切片，薑洗淨切絲備用。
3. 取內鍋，放入大白菜、紅蘿
   蔔，加入熱水。
4. 再放入鮮香菇、鴻喜菇、美
   白菇、洋菇、杏鮑菇，倒入豆
   奶。
5. 內鍋放入電鍋中，外鍋加 1
   杯水，按下開關，煮至開關跳
   起後，放入芥蘭菜。
6. 加入調味料拌勻，再燜 5 分
   鐘即完成。

Tips

用豆奶當作湯底，低卡又無反
式脂肪，美味健康都滿分。

🍄 料 理 小 學 堂

菇類
菇類營養價值高，含有大量蛋白質和多種維生素，就連醣類和礦物質
也不少，常常食用菇類可降低血壓與膽固醇，還可強化體質。

51

3

Contents
目錄

Part 1

免疫力 UP
素燉補

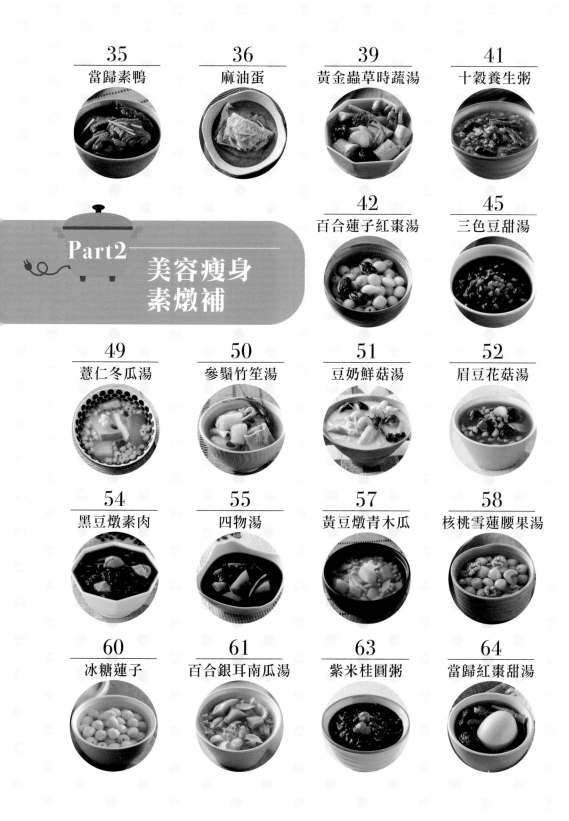

Part2 美容瘦身素燉補

Part3 健胃排毒
素燉補

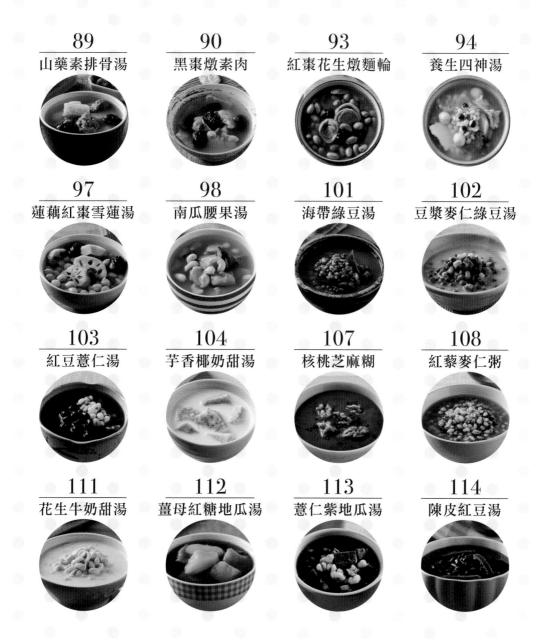

89	90	93	94
山藥素排骨湯	黑棗燉素肉	紅棗花生燉麵輪	養生四神湯

97	98	101	102
蓮藕紅棗雪蓮湯	南瓜腰果湯	海帶綠豆湯	豆漿麥仁綠豆湯

103	104	107	108
紅豆薏仁湯	芋香椰奶甜湯	核桃芝麻糊	紅藜麥仁粥

111	112	113	114
花生牛奶甜湯	薑母紅糖地瓜湯	薏仁紫地瓜湯	陳皮紅豆湯

所有的電鍋都能用

　　電鍋全部都不鏽鋼材質的當然是最佳選擇，料理起來也最安全。但也沒有硬性規定一定要完全不鏽鋼的。只要在燉煮的過程中，注意一些小細節，一樣可以做出香噴美味的燉補料理。

　　像是外鍋為鋁鍋材質，在蒸煮過程中，鍋底會殘留水溶性成分沉積，使用完要立即擦拭或清潔，讓外鍋乾爽無水分，才不會因為再次加熱導致這些水溶性成分氧化變黑。

四季養生全靠這一鍋

電鍋幾乎是台灣人家裡的必備電器之一，
更是外宿者或者出國留學行李中必帶的行頭。
萬能的電鍋不僅能蒸飯，
製作起燉補的料理更是簡單又方便，
零廚藝、無基礎的廚房超級新手，
一樣都可以用電鍋做出四季養生的美味料理！

電鍋要如何清洗

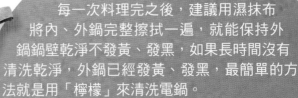

　　每一次料理完之後，建議用濕抹布將內、外鍋完整擦拭一遍，就能保持外鍋鍋壁乾淨不發黃、發黑，如果長時間沒有清洗乾淨，外鍋已經發黃、發黑，最簡單的方法就是用「檸檬」來清洗電鍋。

　　把檸檬對半或剖成四半，放進外鍋，加水足以淹過髒污地方的水量，然後將鍋蓋蓋上、按下開關，等到開關跳起之後，會發現水已經變色，倒掉這些污水，就能用抹布把髒污輕輕鬆鬆擦乾淨了。

燉煮的水量如何計算

　　很多人在燉煮時，不知道如何放水。尤其如果碰到食譜寫燉煮 30 分鐘，還真不知道要倒入多少的水？一般來說 1/2 量杯的水，約可燉煮 25 分鐘；1 杯水則是 40 分鐘；2 杯水則是 55 分鐘。

　　要注意的是，如發現外鍋水量不足，要補充水分時，應該用的是熱水而非冷水，目的是為了防止鍋內的溫度下降、影響烹煮時間。另外煮好之後，當開關跳到保溫狀態，建議繼續燜 5 ～ 15 分鐘，別急著打開鍋蓋，可以利用餘溫蒸煮，讓料理更入味。

要選擇多大的電鍋

　　書裡全部都是用電鍋完成的，而不是電子鍋。我個人使用的是 10 人份，不過以書裡的分量，用 6 人份的電鍋也可以喲！

　　電鍋用來做燉補料理真的超方便，零廚藝又沒有油煙，真是太簡單了。現在只要翻閱這本書，就能做出四季的美味燉補，趕快一起來動手做吧！

Part1 免疫力UP

素燉補

天涼來上一碗燉補湯，暖心又暖胃；
天熱來上一碗燉補湯，排濕又補氣！
只要用電鍋，想要吃什麼？
在家就能吃好吃飽，免疫力 UP UP ！

7 人份
難易度
★

免疫力 UP

防疫茶

材料：薄荷 5.625 公克（1.5 錢）、防風 7.5 公克（2 錢）、黃耆 11.25 公克（3 錢）、甘草 3.75 公克（1 錢）、藿香 7.5 公克（2 錢）、金銀花 11.25 公克（3 錢）、荊芥 3.75 公克（1 錢）、炒白朮 11.25 公克（3 錢）、紫蘇葉 7.5 公克（2 錢）、水 1500c.c.

做法：

1. 藥材略用水沖一次，瀝乾備用。
2. 取內鍋，放入所有藥材，加入水。
3. 內鍋放入電鍋中，外鍋加入 1 杯水，按下開關，煮至開關跳起後再燜 5 分鐘即完成。

Tips

1. 可以請店家將藥材裝入袋中，較方便處理。
2. 每副藥僅煮一次。
3. 除了電鍋，也可用瓦斯爐煮。先開大火至煮沸後，轉小火續煮，約 15 分鐘後即可服用。
4. 溫熱服用較佳。
5. 小朋友上學前及放學後各飲用 50c.c.；大人則可早、晚各服用 100c.c.。

料理小學堂

金銀花

金銀花又叫忍冬，晒乾的花苞常用來泡茶，具清熱解毒、退火、消炎、通經活絡之效，所以有「中藥抗生素」的美名。其所含綠原酸的生物活性，就是可以提高免疫力、促進人體新陳代謝的重要元素。

4 人份
難易度
★

補氣提神

枸杞蔬菜湯

材料：枸杞 15 公克、乾素肉 25 公克荸薺8粒、高麗菜200公克、鴻喜菇 100 公克、青花椰菜 80 公克、薑 10 公克、水 1200c.c.

調味料：鹽 1 小匙

做法：

1. 枸杞洗淨瀝乾、乾素肉洗淨備用。

2. 荸薺洗淨去皮切塊、高麗菜洗淨切片；鴻喜菇去蒂頭洗淨、青花椰菜切小朵洗淨、薑洗淨切片備用。

3. 取內鍋，放入高麗菜、荸薺、鴻喜菇、薑片、枸杞，加入水。

4. 內鍋放入電鍋中，外鍋加入 1 杯水，按下開關，煮至開關跳起，放入青花椰菜。

5. 加入調味料拌勻，蓋上鍋蓋再燜 5 分鐘即完成。

Tips

1. 選購新鮮荸薺時，建議挑選芽比較短的，這樣的荸薺既甜且容易去皮。

2. 削好的荸薺可以泡入水中，避免氧化發黑。

料理小學堂

荸薺

荸薺又叫馬蹄，外表是紫黑色皮，去皮之後呈現潔白的肉質，口感清脆、味甜多汁，所以有「地下雪梨」之稱。可以當作水果，也可以做為蔬菜，北方人稱之為「江南人參」，既可做水果生吃，又可做蔬菜食用。因為含有對牙齒骨骼的發育很重要的「磷」，多吃能促進人體生長發育。

4 人份
難易度
★

增加抵抗力

五行蔬菜湯

材料：乾香菇 6 朵、紅蘿蔔 150
公克、白蘿蔔 200 公克、白蘿蔔
葉 100 公克、牛蒡 150 公克、水
1200c.c.

做法：

1. 香菇洗淨；紅蘿蔔、白蘿蔔
   洗淨切塊備用。

2. 白蘿蔔葉洗淨切段；牛蒡洗
   淨切片備用。

3. 取內鍋，放入全部材料，加
   入水。

4. 放入電鍋中，外鍋加入 2 杯
   水，按下開關，煮至開關跳起
   燜 5 分鐘即完成。

Tips

1. 乾香菇可以自行在大太陽下
   曝晒，增加維生素 D 的營養
   成分。

2. 這道料理不加調味料，就是
   要喝蔬菜自然的鮮甜味。

料理小學堂

五行蔬菜湯的由來

近十多年來，由日本流行至台灣的「五行蔬菜湯」，其發明者是日本細胞學博士立石和先生，他從
1500 種食物中找出五種蔬菜熬湯，這五種蔬菜：青色的為蘿蔔葉；紅色的紅蘿蔔；黃色的牛蒡；
白色的白蘿蔔及黑色的香菇，分別代表木、火、土、金、水五行。

4 人份
難易度
★★

營養健康好湯品

巴西蘑菇湯

材料：巴西蘑菇 80 公克、杏鮑菇 250 公克、枸杞 10 公克、水 1200c.c.

調味料：鹽適量

做法：
1. 巴西蘑菇洗淨；杏鮑菇洗淨切段再劃刀；枸杞洗淨備用。
2. 取內鍋，放入巴西蘑菇、杏鮑菇及枸杞，加入水。
3. 內鍋放入電鍋中，外鍋放 1 杯水，按下開關，煮至開關跳起後燜 5 分鐘。
4. 加入調味料拌勻即完成。

Tips

市售新鮮的巴西蘑菇較為少見，多是乾燥的巴西蘑菇，料理前可以用溫水先泡發，但時間不要過長，以免巴西蘑菇的香氣喪失。

料理小學堂

巴西蘑菇

巴西蘑菇是食補界的超級巨星，在美國、日本早就是有名的保健食品。它擁有比靈芝多一倍的多醣體，能增加免疫力，還能有效降血糖及血壓。尤其在流感好發的季節，多多食用巴西蘑菇，可以增加元氣。

滋補養生

麻油蘑菇湯

4 人份
難易度 ★★

材料：洋菇 250 公克、薑 15 公克、枸杞 5 公克、猴頭菇 200 公克、水 1200c.c.

調味料：鹽 1 小匙

做法：

1. 洋菇洗淨、薑洗淨切絲、枸杞洗淨備用。

2. 外鍋洗淨擦乾，按下開關加熱，倒入麻油，放入薑絲煸香。

3. 再放入洋菇、猴頭菇拌炒，取出盛入內鍋中，放入枸杞及水。

4. 外鍋洗淨擦乾，放入步驟 3，外鍋加 1 杯水，按下開關，煮至開關跳起。

5. 加入調味料拌勻即完成。

Tips

1. 新鮮的洋菇不易洗淨，只要在清水中加入食鹽，再放入洋菇浸泡一會，就可以將洋菇本身的黏液及泥沙輕鬆去除。

2. 選購洋菇時，建議挑選表面帶有些泥土，不要太光滑；另外輕擦洋菇表面，未經漂白的洋菇則會呈現淡褐色。

🍄 料 理 小 學 堂

洋菇

低脂、低熱量的洋菇有獨特的香氣，富含極高的鐵質與多種胺基酸，肥厚與扎實似肉的口感，讓它擁有「蔬菜牛排」的美名。

補氣補血

八珍燉素雞

4人份
難易度
★

材料：素雞 350 公克、八珍藥材
1 帖、水 1200c.c.

調味料：鹽適量

做法：
1. 素雞切塊、藥材略微沖洗瀝
   乾備用。
2. 取內鍋，放入藥材，加入水。
3. 內鍋放入電鍋中，外鍋加 1
   杯水，按下開關，煮至開關跳
   起後燜 5 分鐘。
4. 打開鍋蓋，再放入素雞塊，
   外鍋再加 1 杯水，續煮至開關
   跳起燜 5 分鐘即完成。

Tips
1. 八珍是男女皆宜的湯品，冬
   天手腳冰涼、怕冷的人，不
   妨來上一碗補氣養身。
2. 不想吃素料，可以用紅蘿
   蔔、山藥等食材取代，口感
   很清爽。

料理小學堂

八珍湯

四物湯加上四君子湯，就是
八珍湯，有助血液循環，若
加入山藥、紅蘿蔔，還能增
強免疫力，同時補充纖維質
及多種維他命。

驅寒暖心

藥燉素排骨

材料：熟素排骨塊 300 公克、藥燉中藥 1 包、水 1200c.c.

調味料：鹽適量、米酒少許

做法：

1. 中藥洗淨瀝乾備用。

2. 取內鍋，放入中藥材，加入水。

3. 內鍋放入電鍋中，外鍋加入 1 杯水，按下開關，煮至開關跳起燜 5 分鐘。

4. 放入素排骨塊，外鍋再加 1/2 杯水，續煮至開關跳起，加入調味料拌勻即完成。

Tips

1. 素排骨可以用皮絲或小麥輪取代。

2. 多添加一些高麗菜，口感也非常好。

料理小學堂

藥燉排骨

藥燉排骨的藥材內含當歸、川芎、熟地、甘草、黃耆、牛七等，有促進血液循環之效，有效改善手腳冰冷及畏寒的症狀。建議多花一點時間慢熬，才能釋放出藥效，湯頭也才會清甜、濃郁。

4人份
難易度
★★

溫和不燥

茶油豆包湯

材料：豆包4塊、紅蘿蔔30公克、鴻喜菇60公克、美白菇60公克、薑絲20公克、水1200c.c.、茶油適量

調味料：鹽適量

做法：

1. 紅蘿蔔洗淨去皮切絲；鴻喜菇、美白菇去蒂頭略微洗淨；薑洗淨切絲備用。

2. 外鍋按下開關加熱，倒入茶油，放入豆包煎至兩面微焦。

3. 加入薑絲炒香後，將豆包及薑絲取出，放入內鍋中。

4. 再加入紅蘿蔔、鴻喜菇、美白菇及水。

5. 外鍋洗淨擦乾，放入內鍋，外鍋加1杯水，按下開關，續煮至開關跳起，再加入調味料煮勻即完成。

Tips

1. 熱鍋、油熱後再放入豆包，比較不會黏鍋。

2. 薑絲和豆包是絕配，建議不要省。

料理小學堂

豆包

豆包就是豆皮層層堆疊起來，含有的大量卵磷脂、多種礦物質、鈣質，營養價值比豆腐還要高，有助於小朋友、老人的骨骼生長之外，改善血管疾病、防止血管硬化也有幫助。

潤肺化痰

腐竹百果湯

4 人份
難易度
★★

材料：腐竹 150 公克、百果 60
公克、天津白菜 200 公克、乾香
菇 3 朵、薑 15 公克、枸杞少許、
水 1200c.c.

調味料：鹽 1 小匙

做法：

1. 腐竹、百果洗淨；天津白菜
   洗淨切片、乾香菇洗淨泡軟切
   條、薑洗淨切絲；枸杞洗淨瀝
   乾備用。

2. 取內鍋，放入天津白菜、香
   菇、腐竹、百果、薑、枸杞，
   加入水。

3. 內鍋放入電鍋中，外鍋加入 1
   又 1/2 杯水，按下開關，煮至
   開關跳起後燜 5 分鐘。

4. 加入調味料拌勻即完成。

Tips

1. 腐竹就是豆腐皮，是煮沸豆
   漿表面凝固的薄膜，可鮮吃
   或晒乾再煮食。

2. 這道屬於清淡的口感，腐竹
   可以換成皮絲等同樣是豆腐
   皮製品。

🍄 料 理 小 學 堂

百果

百果就是銀杏的種子，它含有多種營養元素，有延緩大腦衰老、增強記憶能
力的效果。要注意的是，百果內含有氫氰酸毒素，千萬不能生吃。市售有百果
罐頭及真空包，都經過去芯且已煮熟，雖然煮熟毒性減少很多，但仍然不要吃太多。

21

4 人份
難易度
★★

養生不上火
銀杏百合絲瓜湯

材料：絲瓜 1 條、銀杏 70 公克、百合 40 公克、薑 15 公克、水 1200c.c.

調味料：鹽適量 1 大匙

做法：
1. 絲瓜洗淨去皮切塊；銀杏、百合各洗淨；薑洗淨切絲備用。
2. 取內鍋，放入絲瓜、銀杏、百合及薑，加入水。
3. 內鍋放入電鍋中，外鍋加入 1 杯水，按下開關，煮至開關跳起。
4. 放入薑絲，加入調味料即完成。

Tips

如果能買到新鮮百合最好，不然也可以在中藥行買乾燥的百合，先用滾水氽燙 5～10 分鐘去除雜質，撈起後再放入乾淨的溫水中稍微發泡，便可料理。

 料 理 小 學 堂

百合

百合屬多年生草本球根植物，呈現白色或淡黃色，部分品種可當作蔬菜食用。
乾百合是常見的中藥材，具清火、潤肺的功效，常用來熬湯、煲湯；新鮮的百合口感脆甜，多用來搭配紅棗、蓮子等煮成甜湯，或直接入菜。

4 人份
難易度
★★

美味補血湯

清燉素羊肉

材料：素羊肉 120 公克、白蘿蔔 200 公克、紅蘿蔔 80 公克、薑 15 公克、水 1200c.c.

調味料：鹽 1 茶匙、胡椒粉 1/4 小匙

做法：

1. 白蘿蔔、紅蘿蔔洗淨去皮，切成塊狀；薑洗淨切絲備用。
2. 取內鍋，放入白蘿蔔、紅蘿蔔、薑，加入水。
3. 內鍋放入電鍋中，外鍋加入 1 杯水，按下開關，煮至開關跳起燜 5 分鐘後，再放入素羊肉。
4. 外鍋再加入 1 杯水，續煮至開關跳起燜 5 分鐘。
5. 加入調味料拌勻即完成。

Tips

1. 這裡選用的是香菇頭做成的素羊肉。
2. 薑絲是這道菜的亮點，建議不要省。

 料 理 小 學 堂

素羊肉

用香菇頭做成，具有濃厚的香氣，含豐富的纖維，口感獨特富咬勁，耐煮、耐燉。當作火鍋料理風味獨特。但要注意香菇含有較高的普林成分，有痛風症狀的人要特別小心食用。

健康加分

4 人份
難易度
★★

枸杞素鰻湯

材料：薑 15 公克、枸杞 15 公克、當歸 5 公克、素鰻 350 公克、水 1300c.c.

調味料：鹽 1 小匙

做法：

1. 薑洗淨切絲；枸杞、當歸各洗淨備用。
2. 取內鍋，放入素鰻魚、薑絲、枸杞及當歸，加入水。
3. 內鍋放入電鍋中，外鍋加 1 杯水，按下開關，煮至開關跳起。
4. 加入調味料拌勻即完成。

 Tips

1. 再加幾顆紅棗，薑的分量也可以再多一點，就是一道很適合坐月子食用的藥膳。
2. 想要吃更豐富一點的，也可以加些山藥一起燉。

料理小學堂

素鰻魚

市售的素鰻魚內餡大多由豆腐、大豆蛋白等材料混合，再捲入海苔，經過低溫過油，讓豆類香氣提升，口感 Q 軟，是素食者蛋白質美味的來源。拿來做冷盤很受歡迎，但燉湯、紅燒或糖醋料理也很棒。

4 人份
難易度
★

補元氣健脾胃
參鬚素雞湯

材料：素雞 400 公克、人參鬚 12 公克、黃耆 8 公克、枸杞 10 公克、水 1300c.c.

調味料：鹽適量、米酒少許

做法：

1. 素雞切塊；人參鬚、黃耆、枸杞均洗淨瀝乾備用。

2. 取內鍋，放入所有材料。

3. 內鍋放入電鍋中，外鍋加入 1 又 1/2 杯水，按下開關，煮至開關跳起燜 5 分鐘。

4. 加入調味料拌勻即完成。

Tips

1. 參鬚量多易苦，所以使用的量不要過多。

2. 素雞也可以換成其他的素料，像是小麥條，味道也很搭。

 料 理 小 學 堂

素料

市售的素料有豆類製品、素肉製品（豆類再製品）及蒟蒻製品。有些素料做的樣子、味道都很像葷菜，這類的素料為了延長保存期，會加食品添加劑，加上鈉含量偏高，所以建議少吃。近幾年以「小麥蛋白」為主要成分的素料，反而是不錯的選擇。

 冬季圍爐必備

4 人份
難易度
★★

素薑母鴨

材料：皮絲 200 公克、薑 30 公克、高麗菜 150 公克、金針菇 50 公克、麻油適量、水 1300c.c.

調味料：鹽 1 小匙

做法：
1. 皮絲以熱水泡軟切塊；薑洗淨切片；高麗菜洗淨切片；金針菇去蒂頭洗淨備用。
2. 外鍋洗淨擦乾，按下開關即倒入麻油、放入薑片炒香取出備用。
3. 外鍋洗淨擦乾，薑片放入內鍋，再放入皮絲及水，外鍋加 1 杯水，按下開關，煮至開關跳起燜 5 分鐘。
4. 再放入高麗菜、金針菇及調味料後，外鍋再加 1/2 杯水，續煮至開關跳起燜 5 分鐘即完成。

Tips

1. 如果可以，加點米酒煮更有滋味。
2. 薑的分量不可少，麻油不耐高溫，在高溫下容易發苦，所以冷鍋就要放入麻油。
3. 這裡不放中藥材，一樣好吃。

 料 理 小 學 堂

薑母鴨

薑母鴨起源於商朝，由名醫吳仲所發明的宮廷御膳，發源地在福建的泉州，然後才逐漸流傳到中國其他地區，甚至海外。它含了補血補氣的中藥材，滋而不膩，溫而不燥，適合於秋季和冬季食用。1980 年代後，薑母鴨才開始在台灣流行起來，更是秋冬進補最佳料理之一。

4人份
難易度
★

輕鬆進補

十全大補湯

材料：素雞 350 公克、十全中藥 1 包、水 1300c.c.

調味料：米酒適量

做法：

1. 素雞切塊、十全中藥材洗淨瀝乾備用。

2. 取內鍋，放入十全中藥，加入水、米酒。

3. 內鍋放入電鍋中，外鍋加入 1 杯水，按下開關，煮至開關跳起燜 5 分鐘。

4. 再放入素雞，外鍋再加 1 杯水，續煮至開關跳起燜 10 分鐘即完成。

Tips

素雞可以用其他「小麥蛋白」為主要成分的素料替代。

料理小學堂

四物、八珍與十全大補是什麼？

四物湯含有：當歸、川芎、白芍、生地（或熟地），再加上人參、白朮、茯苓、炙甘草的「四君子湯」，就是八珍湯（四物＋四君子）；將八珍湯再添上黃耆及肉桂，就等於「十全大補湯」了！

當歸素鴨

材料：皮絲 300 公克、中藥 1 包、薑 15 公克、水 1300c.c.

調味料：鹽適量、香油少許

做法：

1. 皮絲以熱水泡軟切大塊；薑洗淨切絲；中藥材洗淨備用。
2. 取內鍋，放入皮絲、中藥材加入水。
3. 內鍋放入電鍋中，外鍋加 2 杯水，按下開關，煮至開關跳起燜 5 分鐘
4. 加入調味料拌勻即完成。
5. 食用時加入薑絲、香油少許。

Tips

1. 可以直接到中藥行購買製作當歸鴨的藥材，通常含有當歸、熟地、川芎、白芍、黨參、黃耆、枸杞、桂枝等。
2. 食用時可以滴一些米酒添味。

料 理 小 學 堂

當歸

當歸別名秦歸、雲歸，它的外形長得似人參，《本草綱目》提到，「古人娶妻為嗣續也，當歸調血為女人要藥，為思夫之意，故有當歸之名。」當歸是冬令進補常用藥材之一，像是十全大補湯、羊肉爐、四物湯等，就經常使用到。挑選當歸時，建議以身幹、根頭肥大、肉質飽滿、含有油質者佳。

4 人份
難易度
★★

快速補身
麻油蛋

材料：薑 30 公克、雞蛋 4 顆、麻油適量、水 1000c.c.

調味料：鹽適量、米酒少許

做法：

1. 薑洗淨切絲備用。

2. 外鍋洗淨擦乾，按下開關，冷鍋倒入麻油，放入雞蛋煎定型取出。

3. 再放入薑絲焗香，放入煎蛋、酒，倒入水煮滾。

4. 加入調味料拌勻即完成。

Tips

步驟 3 倒入的水建議是滾水，目的是不使整鍋降溫再重煮，導致食材老化。

料 理 小 學 堂

黑麻油、白麻油（香油）有什麼差別？

芝麻含有豐富的鈣質、鐵質及膳食纖維等，有降膽固醇、潤腸解便祕的功效。

黑麻油屬性溫熱，適合進補料理使用，通常用於麻油雞、三杯雞等料理；至於以白芝麻為主要原料的香油，因為有特殊的清香，最適合當拌香佐料。

4 人份
難易度
★★

保養呼吸道聖品

黃金蟲草時蔬湯

材料：黃金蟲草 40 公克、黃帝豆 100 公克、玉米筍 50 公克、鴻喜菇 50 公克、乾川耳 10 公克、高麗菜 100 公克、青花椰菜 50 公克、乾麥竹 40 公克、薑 10 公克、水 1300c.c.

調味料：鹽適量 1 大匙

做法：

1. 黃金蟲草洗淨瀝乾；黃帝豆洗淨、玉米筍洗淨切段、鴻喜菇去蒂頭洗淨；川耳加水泡軟洗淨；高麗菜葉及薑洗淨切片；乾麥竹洗淨備用。

2. 取內鍋，放入高麗菜、黃帝豆、玉米筍、鴻喜菇、川耳、乾麥竹、薑片、黃金蟲草，加入水。

3. 內鍋放入電鍋內，外鍋加 1 又 1/2 杯水，按下開關，煮至開關跳起。

4. 加入青花椰菜及調味料拌勻，再燜 5 分鐘即完成。

乾麥竹是由非基因改造大豆纖維、非基因改造大豆分離蛋白、小麥蛋白等所製成的素料，很有嚼勁。

 料 理 小 學 堂

黃金蟲草

黃金蟲草是一種真菌類，與香菇、秀珍菇等一般食用菌相似，只是菌種、生長環境不同。它含有豐富的蛋白質、胺基酸及 30 多種人體所需的微量元素，是很受歡迎的養生珍品。

養生第一補物

十穀養生粥

4 人份
難易度 ★★★

材料：十穀米 150 公克、皮絲 50 公克、香菇 4 朵、紅蘿蔔 30 公克、水 1300c.c.

調味料：醬油 1 茶匙、鹽 1 茶匙、糖 1/2 小匙、胡椒粉 1/4 小匙

做法：

1. 十穀米洗淨泡水至少 3 小時；皮絲以熱水泡軟後，擠乾水分切絲；香菇泡軟切絲；紅蘿蔔去皮切絲備用。

2. 外鍋洗淨擦乾，加入適量油，放入香菇煸香，再放入紅蘿蔔、皮絲拌炒，加入調味料炒勻取出備用。

3. 取內鍋，放入十穀米加入水，外鍋加 1 杯水，按下開關，煮至開關跳起燜 5 分鐘，再放入步驟 2 炒料。

4. 內鍋放入電鍋中，外鍋加 1 杯水，續煮至開關跳起燜 5 分鐘即完成。

Tips

1. 市售的十穀米內容均大同小異，也可以購買各種不同的穀類，自行搭配。所謂十穀，包括了好多種穀物，成分通常有：糙米、小麥、燕麥、蕎麥、小米、黑糯米等。

2. 粗糙高纖的「十穀米」所包含的食材幾乎都屬雜糧和全穀類，一定要經過至少 3 小時的浸泡，讓種子吸水後稍微膨大，才能煮得好吃。

3. 除了鹹的吃法，也可以加入紅棗、枸杞及冰糖，煮成甜的。

 料 理 小 學 堂

十穀米

十穀米比白米擁有更多的纖維及維生素 B 等，對便祕、高血壓能有減緩之效，也能降血壓，降膽固醇，清除血栓，可經常食用。

清心養顏
百合蓮子紅棗湯

4人份
難易度
★★

材料：乾百合 50 公克、乾蓮子 150 公克、紅棗 12 粒、水 1300c.c.

調味料：冰糖 80 公克

做法：
1. 百合、蓮子、紅棗分別洗淨瀝乾備用。
2. 取內鍋，放入蓮子、百合、紅棗，加入水。
3. 內鍋放入電鍋中，外鍋加入 2 杯水，按下開關，煮至開關跳起。
4. 加入調味料，再燜 10 分鐘即完成。

Tips

百合、蓮子有寧心安神的功效，睡不好、多夢，或是容易焦慮、健忘者，可以多多食用。

料理小學堂

百合蓮子紅棗湯

這道甜點有補氣益血之效，對許多氣血不足的女性來說，經常飲用就能擁有好氣色；另外它還可以清熱降火，在乾燥的秋季，對於潤肺止咳也有明顯效果。

4 人份
難易度
★★★

清涼祛暑
三色豆甜湯

材料：黑豆 80 公克、紅豆 80 公克、綠豆 60 公克、水 1300c.c.

調味料：糖適量

做法：
1. 黑豆、紅豆洗淨泡水至少 6 小時；綠豆洗淨備用。
2. 取內鍋，放入黑豆、紅豆及綠豆，加入水。
3. 內鍋放入電鍋中，外鍋加入 2 杯水，按下開關，煮至開關跳起燜 10 分鐘。
4. 加入調味料拌勻即完成。

Tips
紅豆及黑豆較不易軟，所以要先泡水。

料 理 小 學 堂

黑豆、紅豆、綠豆

所謂三豆湯就是綠豆、紅豆與黑豆所煮成的湯品。豆類的鉀、膳食纖維及蛋白質含量都很高，是茹素者很好的營養補給品。綠豆、紅豆能清熱解暑、利濕；黑豆則可以健脾補腎，因為綠豆與紅豆較涼，加入黑豆，不僅可消寒涼，還可消水腫。

Part2 美容瘦身
 素燉補

吃素也可以吃得既美麗又窈窕，

不論是養顏、美白、豐胸……，

還是要補充膠原蛋白、補血、補氣，

用電鍋輕輕鬆鬆就辦得到！

排毒養顏消水腫

薏仁冬瓜湯

4 人份
難易度
★★

材料：薏仁 50 公克、冬瓜 400 公克、薑 20 公克、枸杞 5 公克、水 1300c.c.

．．．．．．．．．．．．．．．．．．．．．．．．．．．．．．．．．．．．

調味料：鹽 1 小匙

做法：
1. 薏仁洗淨泡至少 5 小時；薑洗淨切片、枸杞洗淨備用。
2. 冬瓜洗淨，去籽、切塊備用。
3. 取內鍋，放入薏仁，再放入冬瓜，加入水。
4. 內鍋放入電鍋中，外鍋加 1 又 1/2 杯水，按下開關，煮至開關跳起放入枸杞、薑片，再燜 5 分鐘。
5. 加入調味料拌勻即完成。

Tips

薏仁清洗過後，可以放入滾水中略微汆燙，待鍋中水再度沸騰時，就可以將薏仁撈起、瀝乾放涼後冰凍。冰凍過的薏仁較容易煮軟。

料 理 小 學 堂

薏仁

含有人體所需必需胺基酸及礦物質，營養價值極高，加上有豐富的維生素 E，具有抗氧化功能，是著名的美白聖品，也是深受愛美女性喜歡的瘦身美容食品。

4 人份
難易度
★★

做個有「氧」美人

參鬚竹笙湯

材料：參鬚 15 公克、枸杞 5 公克、
竹笙 25 公克、乾腐竹 40 公克、
水 1300c.c.

調味料：鹽適量、米酒少許

做法：
1. 參鬚、枸杞洗淨；竹笙泡軟
   洗淨切段；乾腐竹洗淨瀝乾備
   用。
2. 取內鍋，放入竹笙、乾腐竹、
   參鬚、枸杞，加入水。
3. 內鍋放入電鍋中，外鍋加入 1
   杯水，按下開關，煮至開關跳
   起燜 10 分鐘。
4. 加入調味料拌勻即完成。

Tips
1. 竹笙網狀的外型接縫處容易
   有髒污，建議料理前要洗淨。
2. 竹笙有一股特殊的味道，在
   滾水中滴入少許白醋，將竹
   笙汆燙 2 ～ 3 分鐘後便能去
   除異味；或是用淡鹽水泡發，
   剪去菌蓋頭，就可以將怪味
   去除。

🍄 料 理 小 學 堂

竹笙
許多人都誤以為是「竹子的內膜」，但事實上竹笙是一種真菌，菌體相當優美，因此又有「真菌之
花」、「雪裙仙子」之稱。竹笙的營養素非常豐富，自古就是名貴的山珍之一。

低卡的美味
豆奶鮮菇湯

材料：大白菜 200 公克、紅蘿蔔 20 公克、芥蘭菜 50 公克、鮮香菇 4 朵、鴻喜菇 50 公克、美白菇 50 公克、洋菇 60 公克、杏鮑菇 60 公克、薑 10 克、豆乳 700 公克、水 600c.c.

調味料：鹽 1 小匙

做法：
1. 大白菜洗淨切片；紅蘿蔔去皮切片；芥蘭菜洗淨切段備用。
2. 鮮香菇、洋菇洗淨；鴻喜菇、美白菇各去蒂頭洗淨；杏鮑菇洗淨切片，薑洗淨切絲備用。
3. 取內鍋，放入大白菜、紅蘿蔔，加入熱水。
4. 再放入鮮香菇、鴻喜菇、美白菇、洋菇、杏鮑菇，倒入豆奶。
5. 內鍋放入電鍋中，外鍋加 1 杯水，按下開關，煮至開關跳起後，放入芥蘭菜。
6. 加入調味料拌勻，再燜 5 分鐘即完成。

Tips
用豆奶當作湯底，低卡又無反式脂肪，美味健康都滿分。

料理小學堂

菇類
菇類營養價值高，含有大量蛋白質和多種維生素，就連醣類和礦物質也不少，常常食用菇類可降低血壓與膽固醇，還可強化體質。

4 人份
難易度
★★

清爽不油膩
眉豆花菇湯

材料：眉豆 150 公克、花菇 12 小朵、薑 15 公克、水 1300c.c.

做法：

1. 眉豆洗淨泡水至少 5 小時；花菇洗淨泡軟；薑洗淨切片備用。

2. 外鍋洗淨擦乾，按下開關加熱，加少許油，放入薑片、花菇炒香取出。

3. 取內鍋，加入眉豆、花菇、薑片及水。

4. 內鍋放入電鍋中，外鍋加入 2 杯水，按下開關，煮至開關跳起燜 10 分鐘。

5. 加入調味料拌勻即完成。

Tips

眉豆可以和糙米一起煮成眉豆糙米飯，尤其如果將眉豆泡到微微發芽，營養成分更高。

料 理 小 學 堂

眉豆

富含優質蛋白質、不飽和脂肪酸、維生素及膳食纖維等，對人體皮膚、頭髮都大有好處，可以提高皮膚的新陳代謝，促進腸道的蠕動，還能幫助女性解決經期的煩惱與更年期的不適。

好喝又養生
黑豆燉素肉

4人份
難易度
★★

材料：黑豆 150 公克、乾素肉塊
80 公克、水 1300c.c.

調味料：鹽 1 小匙

做法：
1. 黑豆洗淨泡水 6 小時；乾素肉塊泡軟擠乾水分備用。
2. 外鍋洗淨擦乾，按下開關加熱，倒入適量油，放入素肉塊煸香取出備用。
3. 取內鍋，放入黑豆，加入水。
4. 內鍋放入電鍋中，外鍋加 1 杯水，按下開關，煮至開關跳起後燜 10 分鐘。
5. 打開鍋蓋，再放入素肉塊，外鍋再加 1 杯水，續煮至開關跳起後燜 5 分鐘。
6. 加入調味料拌勻即完成。

 Tips

如果黑豆泡過頭發了芽也沒關係。發芽的黑豆，蛋白質更完整，反而容易消化，而且還含有未發芽黑豆所沒有的維生素 C，普林含量也比未發芽的黑豆低。

料理小學堂

黑豆

是一種很好的補腎食物，更因富含維生素 E，是美容養顏聖品。古代藥典就曾記載，黑豆可明目、駐顏、烏髮，使皮膚白嫩等，加上含有花青素、抗氧化劑，還能增加腸胃蠕動，促進消化。

男女皆宜

四物湯

難易度
★★

材料：青木瓜 400 公克、水 1200c.c.

藥料：當歸 10 公克、川芎 8 公克、熟地 1 片、白芍 8 公克、枸杞 10 公克

調味料：鹽適量

做法：

1. 青木瓜洗淨，去皮、去籽後切塊備用。
2. 藥材略微沖洗，瀝乾備用。
3. 取內鍋，放入青木瓜、藥材、水。
4. 內鍋放入電鍋中，外鍋加 2 杯水，按下開關，煮至開關跳起後燜 10 分鐘。
5. 再加鹽拌勻即完成。

Tips

1. 坊間視青木瓜為豐胸聖品，搭配四物，可幫助青春期女性調整體質。
2. 也可以用素料取代青木瓜，變化一下口味。

料理小學堂

四物

由當歸、川芎、白芍及熟地黃四味中藥材所組成，向來是治療血虛 與婦女月經不調的聖品。最早見於唐代藺道人所寫《仙授理傷續斷秘方》一書中，當時是用於治療外力傷重而腸內有瘀血；後來宋代醫典《太平惠民和劑局方》一書，則將四物湯用於養血疏肝、補血調血之用。

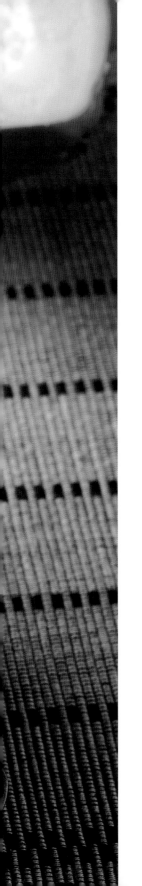

4 人份
難易度 ★★

豐胸必喝
黃豆燉青木瓜

材料：黃豆 60 公克、青木瓜 350 公克、薑 15 公克、水 1200c.c.

調味料：鹽 1 小匙

做法：
1. 黃豆洗淨，泡水至少 6 小時。
2. 青木瓜洗淨，去皮、去籽，切成塊狀；薑洗淨切片備用。
3. 取內鍋，放入青木瓜、黃豆、薑片加入水。
4. 內鍋放入電鍋中，外鍋加入 2 杯水，煮至開關跳起燜 10 分鐘。
5. 加入調味料拌勻即完成。

Tips

1. 黃豆發芽後，所含的蛋白質更易被人體吸收，因此即使泡過頭，發現黃豆發芽，也沒有關係。
2. 青木瓜的木瓜酵素是熟木瓜的兩倍，所以建議選擇青木瓜最好。

料理小學堂

黃豆

每 100 公克黃豆就擁有 40 公克左右蛋白質含量，無怪乎擁有「豆中之王」的美名。此外，黃豆裡還有大豆異黃酮成分，更是天然雌激素的來源，對更年期婦女來說，常吃黃豆對身體有很大幫助。發芽的黃豆，其蛋白質更易被人體吸收，但蛋白質總量卻比未發芽來得少。因此可視個人需求，選擇是否食用發芽的黃豆。

4 人份
難易度
★★

女性專屬湯品
核桃雪蓮腰果湯

材料：新鮮蓮子 100 公克、核桃 50 公克、腰果 50 公克、水 1300c.c.

調味料：冰糖適量

做法：

1. 新鮮蓮子、核桃、腰果洗淨備用。

2. 取內鍋，放入核桃、腰果及新鮮蓮子，加入水。

3. 內鍋放入電鍋中，外鍋再加入 1 杯水，按下開關煮至開關跳起。

4. 放入核桃、腰果，外鍋再加入 1 杯水，續煮至開關跳起。

Tips

1. 雪蓮子就是鷹嘴豆，除了甜品，也可以拿來做鹹湯，像是 P.96 的「蓮藕紅棗雪蓮湯」。

2. 煮好可以直接享用，或是再用調理機／均質機打成濃湯也可以。

料 理 小 學 堂

核桃

核桃的營養價值和藥用價值極高，它富含蛋白質、鈣、磷、鐵、鋅、維生素 A、維生素 E 等，不僅是健腦食物，對神經衰弱的治療也有幫助。其他如補氣養血、溫肺潤腸等，也是食用核桃的好處。

4 人份
難易度
★

養心不憂鬱
冰糖蓮子

材料：新鮮蓮子 300 公克、水 1200c.c.

調味料：冰糖適量

做法：
1. 新鮮蓮子洗淨瀝乾備用。
2. 取內鍋，放入蓮子，加入水。
3. 內鍋放入電鍋中，外鍋加入 1 杯水，按下開關，煮至開關跳起。
4. 加入調味料拌勻，再燜 10 分鐘即完成。

Tips

如果用新鮮蓮子，很容易煮軟；若是用乾燥蓮子，則需要泡熱水直到蓮子稍微膨脹、軟化，再用牙籤將蓮子中間的芯去除後，把蓮子沖水洗淨再煮。

料理小學堂

蓮子

素有「蓮參」之稱的蓮子，是老少皆宜的滋補佳品，古代達官貴人口中常吃的「大補三元湯」，其中的一元就是蓮子。

蓮子不僅清熱，還有補腦安神等作用，但是蓮子心味苦、性寒，加上蓮子有止瀉功能，有便祕者勿用。

美容又養顏

百合銀耳
南瓜湯

4 人份
難易度
★★

材料：新鮮百合 40 公克、銀耳 15 公克、南瓜 300 公克、水 1300c.c.

調味料：糖適量

做法：
1. 百合洗淨；銀耳洗淨泡軟，去蒂頭剝小片；南瓜洗淨，去皮去籽，切成塊狀備用。
2. 取內鍋，放入南瓜、銀耳、百合，加入水。
3. 內鍋放入電鍋中，外鍋加入 1 杯水，按下開關，煮至開關跳起。
4. 加入調味料拌勻即完成。

Tips
1. 銀耳烹煮前一定要先浸泡 1 ～ 2 小時讓它軟化，浸泡後會膨脹成原本的 3 倍左右。
2. 膨脹後的銀耳瀝乾後，將顏色較黃、較硬的蒂頭完全切除，再剪成小朵，煮食後才不會產生酸味。

料理小學堂

銀耳

銀耳，又叫作白木耳，是一種生長在枯木上的膠質真菌。銀耳營養成分非常全面，與人參、鹿茸同樣具有盛名，被稱為「山珍」或是「菌中明珠」。

坐月子聖品

紫米桂圓粥

材料：紫米 100 公克、圓糯米 80 公克、桂圓肉 40 公克、
水 1300c.c.

調味料：糖 80 公克、米酒少許

做法：

1. 紫米洗淨泡水至少 6 小時；圓糯米洗淨瀝乾備用。
2. 取內鍋，放入圓糯米，再放入紫米，加入水。
3. 內鍋放入電鍋中，外鍋加入 2 杯水，煮至開關跳起。
4. 放入桂圓肉、調味料，拌勻後再燜 10 分鐘即完成。

1. 食用時還可於紫米粥內添加適量的鮮奶或椰奶，能
   擁有不同風味。
2. 若加上紅豆，也很好吃。

 料 理 小 學 堂

紫米

紫米就是黑糯米，它含豐富的鐵質、礦物質及多種
維生素，是極佳的天然滋補食材。坐月子時可以經
常食用，對於血虛、月事不順，或是冬天手腳容易
冰冷的女生，也很有幫助哦！

4人份
難易度
★★

女人補血聖品
當歸紅棗甜湯

材料：當歸 10 公克、紅棗 10 公克、黃耆 8 公克、枸杞 5 公克、白煮蛋 4 顆、水 1200c.c.

調味料：黑糖適量

做法：

1. 當歸、紅棗、黃耆、枸杞洗淨瀝乾備用。
2. 取內鍋，放入步驟 1 的材料，加入水。
3. 內鍋放入電鍋中，外鍋加 1 杯水，按下開關，煮至開關跳起燜 5 分鐘。
4. 打開鍋蓋，放入白煮蛋及黑糖。
5. 外鍋再加入 1/2 杯水，煮至開關跳起即完成。

 Tips

1. 煮白雞蛋放入前，可以在蛋身先刺幾個小洞，才能讓藥材進入蛋中。
2. 如果怕當歸的苦味，可以多放點冰糖，趁著溫熱食用。
3. 一星期喝 1 ～ 2 次，對臉色黃、月經不調或月經稀少，有不錯的幫助。

🍄 料 理 小 學 堂

紅糖？黑糖？怎麼分

黑糖是指顏色較黑的蔗糖，未經過高精度提煉；紅糖則是帶蜜的甘蔗成品糖。黑糖有排毒及補血效果；紅糖含葡萄糖，可快速補充體力。

基本上紅糖黑糖是一家人，它們的含糖量最低，體虛的人、老年人，吃紅糖或黑糖都有補益的作用。

4 人份
難易度
★★

養身小甜點

紅酒燉蘋果

材料：蘋果 600 公克、紅酒 800c.c.

調味料：糖 50 公克、肉桂粉少許

做法：

1. 蘋果洗淨去籽，切成厚片備用。

2. 取內鍋，加入紅酒。

3. 內鍋放入電鍋中，外鍋加入 1/2 杯水，按下開關，煮至開關跳起。

4. 加入調味料拌勻。

5. 放入蘋果，外鍋再加 1 杯水，續煮至開關跳起即完成。

Tips

1. 紅酒可促進血液循環，除了燉蘋果，也能燉梨子！這款紅酒燉蘋果熱飲還有緩解經痛的功效。

2. 紅酒量要淹過蘋果，可以在蘋果上面壓重物，讓它完全淹入紅酒中。

🍄 料 理 小 學 堂

肉桂

肉桂具有健胃、活血，幫助末梢循環之效，對於心臟、大腦有益，營養師表示，在膳食中加入肉桂，可以調節血糖、防治糖尿病等疾病。研究也指出，肉桂內含的苯甲酸鈉化學物，對預防帕金森氏症有明顯效果。

止咳潤肺

川貝燉雪梨

4 人份
難易度
★

材料：川貝 15 公克、杏仁 8 公克、雪梨 600 公克、水 1000c.c.

調味料：冰糖適量

做法：

1. 雪梨洗淨去皮去籽，皮保留，梨子切成塊狀；川貝、杏仁洗淨備用。

2. 取內鍋，放入川貝、杏仁、雪梨皮及雪梨塊，加入水。

3. 內鍋放入電鍋中，外鍋加入 1 又 1/2 杯水，按下開關，煮至開關跳起。

4. 加入調味料拌勻，外鍋再加 1/4 杯水，續煮至開關跳起即完成。

Tips

1. 梨子切成塊狀或是挖掉梨芯，都可以做出這道甜品。

2. 其他品種的梨，如鴨梨、香梨都可以做，雪梨只是因為肉多核小，燉完入口即化，口感比一般的梨好。

料理小學堂

川貝

川貝是常見的中藥，它是百合科植物川貝母的地下鱗莖。具有潤肺、止咳、化痰效果。

富含膠原蛋白

養生珊瑚草甜湯

4 人份
難易度 ★★

材料：珊瑚草 50 公克、紅棗 10 粒、蓮子 60 公克、枸杞 10 公克、水 1300c.c.

調味料：黑糖 15 公克、冰糖 65 公克

做法：

1. 珊瑚草加水泡軟，洗淨剪成段備用。

2. 紅棗、蓮子、枸杞洗淨備用。

3. 取內鍋，放入珊瑚草、紅棗、蓮子，加入水。

4. 內鍋放入電鍋中，外鍋加入 1 又 1/2 杯水，按下開關，煮至開關跳起。

5. 再加入枸杞及調味料拌勻，外鍋再加 1/2 杯水，續煮至開關跳起即完成。

 Tips

珊瑚草含有大量鹽分，需要花時間事前處理。先用清水將珊瑚草表面粗海鹽沖洗乾淨，去除雜質。再置入大量的冷水鍋內浸泡 2～4 小時，每 30 分鐘後換水一次，直到聞不到腥味，且完全膨脹、呈透明狀、Q 軟，才可開始料理。

 料 理 小 學 堂

珊瑚草

珊瑚草生長於無污染的海域，形酷似珊瑚而得名，又名鹽草，所以表面有明顯的鹽分。自古以來，珊瑚草就被視為長壽不老的祕方，曾是日本人敬獻給中國皇帝的貢品。營養價值高，膠質濃似燕窩，又稱「海底燕窩」。

美顏甜湯

桃膠雪蓮子甜湯

材料：桃膠 100 公克、雪蓮子 80 公克、紅棗 8 粒、水 1300c.c.

調味料：冰糖 80 公克

做法：

1. 桃膠加水泡軟，去掉雜質洗淨；紅棗洗淨備用。。

2. 雪蓮子泡水至少 6 小時，洗淨瀝乾備用。

3. 取內鍋，放入雪蓮子、桃膠及紅棗加入水。

4. 內鍋放入電鍋中，外鍋加入 2 杯水，按下開關，煮至開關跳起。

5. 加入調味料拌勻，再燜 10 分鐘即完成。

Tips

1. 這款湯一年四季皆宜，夏季可冰鎮，冬季可熱食。

2. 桃膠和雪蓮子不適合孕婦食用。

 料 理 小 學 堂

桃膠

擁有豐富的膠原蛋白，是桃膠這幾年熱門的主因。它含有膠原蛋白、半乳糖、胺基酸等，對於養顏美膚效果極佳，此外它還能潤燥潤肺、讓皮膚變得水潤有彈性，是許多女性養顏美容聖品。

鮮甜滑潤

鮮奶燉南瓜

4人份
難易度 ★

材料：南瓜 600 公克、鮮奶 800 公克

調味料：糖適量

做法：
1. 南瓜洗淨，去皮、去籽，切成塊狀。
2. 取內鍋，放入南瓜。
3. 內鍋放入電鍋中，外鍋加入 1 杯水，按下開關，煮至開關跳起。
4. 倒入鮮奶、加入調味料，外鍋再加入 1/4 杯水，煮至開關跳起燜 5 分鐘即完成。

Tips

1. 鮮奶也可以改成豆漿。
2. 想要更豐富的味道，也可以加點腰果打成濃湯。

料理小學堂

南瓜

南瓜是營養豐富的食材，含有澱粉、蛋白質、胡蘿蔔素、維生素 B、維生素 C 等，能有效預防和治療高血壓、糖尿病；除此之外，還含有「甘露醇」，能有效通便，是很著名的「防癌食物」之一。

4 人份
難易度
★★

滋養皮膚
杏仁燉木瓜

材料：杏仁 15 公克、紅棗 8 粒、木瓜 350 公克、白木耳 8 公克、水 1300c.c.

調味料：冰糖適量

做法：
1. 杏仁、紅棗分別洗淨瀝乾；木瓜洗淨去皮、去籽，切成塊狀備用。
2. 白木耳加水泡軟洗淨，去蒂頭，剝成小朵洗淨備用。
3. 取內鍋，放入杏仁、紅棗、白木耳，加入水。
4. 內鍋放入電鍋中，外鍋加入 1 杯水，按下開關，煮至開關跳起燜 5 分鐘。
5. 再放入木瓜，加入調味料，外鍋再加 1/2 杯水，煮至開關跳起即完成。

 Tips

1. 木瓜擁有許多木瓜酵素，購買時要選擇有一點硬、表皮顏色不要太紅的，過熟的木瓜做起這道甜品比較不好吃。
2. 再加點白木耳一起燉煮也很好吃。

 料 理 小 學 堂

杏仁

杏仁又分成南杏（甜杏仁）、北杏（苦杏仁）兩種。前者大而扁，顏色淺、香氣淡，但有些甜味，可以拿來做糕餅甜點；後者小而厚，顏色略黃、香氣濃，味苦，主要是為藥用。兩者都有潤肺功能，但要注意的是，不論南北杏都含有毒性，絕對不能生吃。

4 人份
難易度
★★

吃了水噹噹
紫山藥白木耳甜湯

材料：白木耳 15 公克、紫山藥 350 公克、水 1300c.c.

調味料：冰糖 80 公克

做法：
1. 白木耳泡軟，去蒂頭，剝成小朵洗淨備用。
2. 紫山藥去皮，洗淨切成小塊備用。
3. 取內鍋，放入白木耳，加入水。
4. 內鍋放入電鍋中，外鍋加入 1 杯水，按下開關，煮至開關跳起燜 5 分鐘。
5. 放入山藥，外鍋再加 1 杯水，續煮至開關跳起。
6. 加入調味料拌勻即完成。

 Tips

白木耳經過燉煮後體積會再度膨脹，所以鍋子一定要保留足夠的空間。

 料 理 小 學 堂

白木耳的選擇

目前市面很容易買到乾燥白木耳，選購時，不要挑選顏色過白的品項；也不要有刺鼻化學藥水味。購買時用手輕輕捏，有硬硬的手感、外型較大、完整，才是比較優良的白木耳。

4 人份
難易度
★★

滋補甜湯暖呼呼

酒釀鮮果湯

材料：蘋果 1 個、甜桃 1 個、雪梨 1/4 個、葡萄 12 粒、香蕉 1 條、水 1300c.c.

調味料：酒釀 100 公克、糖適量

做法：

1. 蘋果、甜桃各洗淨去籽切小塊；雪梨洗淨去皮切小塊；葡萄洗淨；香蕉去皮切小塊備用。

2. 取內鍋，加入水。

3. 內鍋放入電鍋中，外鍋加入 2/3 杯水，按下開關，煮至內鍋水煮滾。

4. 水滾後放入酒釀、加入糖，外鍋再加 1/3 杯水，煮至開關跳起。

5. 將水果加入即完成。

Tips

1. 水果可選自己喜歡的，甚至放 2 朵玫瑰花苞亦可。

2. 酒釀如果不是自己做，就建議去信譽良好的老舖購買，口味比較道地。

 料 理 小 學 堂

酒釀

酒釀，俗稱「醪糟」，是用熟糯米飯加酒藥發酵而成。酒釀不濾米粒，也不經過濾和提純，酒精度數非常低，很多人用酒釀來調雞蛋、牛奶吃，是產後補品，也是深受人們喜愛的養生佳品。

Part3 健胃排毒
素燉補

用最單純的食材、用最簡單的做法，

做出一道道促進胃腸蠕動或是排掉體內毒素的美食。

腸胃健康，人就有活力！

用電鍋做好料，你也可以！

4 人份
難易度
★★

簡單好喝

羅宋湯

材料：紅蘿蔔 80 公克、甜菜根 80 公克、高麗菜 120 公克、蕃茄 100 公克、西芹 80 公克、杏鮑菇 70 公克、月桂葉 3 片、辣椒 10 公克、水 1300c.c.

調味料：鹽 1 小匙、粗黑胡椒粉少許

做法：

1. 紅蘿蔔、甜菜根洗淨去皮切成塊狀；高麗菜洗淨切片；蕃茄洗淨去蒂頭切塊；西芹、杏鮑菇洗淨切塊；辣椒洗淨切段備用。

2. 取內鍋，放入全部材料，加入水。

3. 內鍋放入電鍋中，外鍋加入 1 又 1/2 杯水，按下開關，煮至開關跳起後燜 5 分鐘。

4. 加入調味料拌勻即完成。

俄羅斯傳統的羅宋湯就是以甜菜根下去燉煮；但台灣羅宋湯則是以加入大量蕃茄下去燉。

🍄 料 理 小 學 堂

甜菜根

甜菜根全身都是寶，葉子含有維生素 A、鈣、鐵等；而球根部位，則含有維生素 B12、葉酸、膳食纖維及容易消化吸收的醣類，對促進腸胃道的蠕動很有幫助，而維他命 B12 及鐵質，更是最佳天然補血營養品。

鮮紅色的甜菜根，是因為擁有具抗氧化、抗自由基的「甜菜紅素」（Betacyanin），是養顏美容最佳食材之一。

4 人份
難易度
★★★

健脾養血

素肉骨茶

材料：玉米 1/2 條、馬鈴薯 70 公克、紅蘿蔔 30 公克、高麗菜 100 公克、杏鮑菇 50 公克、鴻喜菇 40 公克、美白菇 40 公克、百頁豆腐 1/3 塊、芥蘭菜 40 公克、肉骨茶 1 包、素排骨 80 公克、熱水 1300c.c.

調味料：鹽 1 小匙

做法：

1. 玉米洗淨切段；馬鈴薯洗淨去皮，切厚片；紅蘿蔔、高麗菜、杏鮑菇洗淨切片；鴻喜菇、美白菇去蒂頭洗淨；百頁豆腐切塊、芥蘭菜洗淨備用。

2. 取內鍋，放入全部材料及肉骨茶包、素排骨，加入熱水。

3. 內鍋放入電鍋中，外鍋加入 1 杯水，按下開關，煮至開關跳起後放入芥蘭菜再燜 5 分鐘。

4. 加入調味料拌勻即完成。

 Tips

1. 肉骨茶是一款夏天吃開胃、健脾；冬天則是吃補身、養氣的好料理。

2. 肉骨茶裡添加的食材，可依個人喜好。

料理小學堂

肉骨茶

肉骨茶是由當歸、熟地、川芎、黑棗、黃耆等多種藥材組合而成，源於馬來西亞雪蘭莪巴生的一道湯菜，之後廣傳於新加坡、中國等地。新加坡肉骨茶的胡椒味較重；馬來西亞的則藥材味較明顯。不過都擁有健脾養血、散寒祛濕的補氣作用。

補氣健胃

紅棗黃耆燉高麗菜

材料：高麗菜 300 公克、麥竹輪 40 公克、紅棗 10 粒、黃耆 8 公克、洋菇 80 公克、枸杞少許、水 1300c.c.

調味料：鹽適量

做法：
1. 高麗菜洗淨切大片、洋菇洗淨、麥竹輪洗淨備用。
2. 紅棗、黃耆、枸杞均洗淨備用。
3. 取內鍋，放入紅棗、黃耆，加入水。
4. 內鍋放入電鍋中，外鍋加 1 杯水，按下開關，煮至開關跳起，放入麥竹輪、高麗菜、洋菇、枸杞，外鍋再加 1 杯水，續煮至開關跳起燜 5 分鐘。
5. 加入調味料拌勻即完成。

 Tips

想要再加一點菇類一起食用也沒有問題。

🍄 料 理 小 學 堂

高麗菜

高麗菜的正式名稱為「甘藍」，原產自地中海、南歐，中世紀以後廣傳至全世界。

唐代高麗菜就傳入中國，那時稱為「甘藍」。明末時期，高麗菜由歐洲人傳入台灣，不論是荷蘭語「Kool」，還是西班牙語「Col」，亦或是德語「Kohl」，讀音跟閩南語的「高麗」相近，所以福建、台灣地區人民便稱之為「高麗菜」。它含有豐富的膳食纖維，可促進腸胃蠕動、改善便祕問題，是天然的養胃良方。

4 人份
難易度
★★

改善食慾不振
紅棗牛蒡湯

材料:牛蒡250公克、紅棗10粒、小麥條 40 公克、水 1300c.c.

調味料：鹽 1 小匙

做法：
1. 牛蒡洗淨去皮切片、小麥條洗淨、紅棗洗淨備用。
2. 取內鍋，放入牛蒡、紅棗、小麥條，加入水。
3. 內鍋放入電鍋中，外鍋加入 1 杯水，按下開關，煮至開關跳起燜 10 分鐘。
4. 加入調味料拌勻即完成。

Tips

1. 想要再吃得豐富一點，也可加入一些高麗菜或菇類，營養滿分。
2. 這道湯品很適合小朋友食用，可以改善小朋友食慾不振問題。
3. 牛蒡去皮後容易氧化變黑，可以浸泡檸檬水（或泡醋水）來改善。

 料 理 小 學 堂

牛蒡

牛蒡含多種營養素，除了高纖，膳食纖維、多酚類、各種礦物質及胺基酸的含量都很高，被認為是蔬菜中營養價值非常完整的食材。常食用牛蒡可以促進排便順暢，同時可以保肝、降血糖及膽固醇。

甘甜不膩

山藥素排骨

材料：山藥 300 公克、素排骨 150 公克、水 1300c.c.

調味料：鹽適量

做法：

1. 紅棗洗淨；山藥去皮洗淨切塊備用。

2. 取內鍋，放入山藥、紅棗、素排骨。

3. 內鍋放入電鍋中，外鍋加入 1 杯水，按下開關，煮至開關跳起燜 5 分鐘。

4. 加入調味料拌勻即完成。

Tips

新鮮的山藥削皮後很容易氧化，可以將削好皮的山藥浸在冷水裡，或是泡在醋水或檸檬水裡，就不會變色了。

🍄 **料 理 小 學 堂**

削山藥手癢怎麼辦？

削山藥皮跟芋頭皮時容易手癢，這是因為新鮮山藥切開會有黏液，裡面蛋白和薯蕷皂甙會刺激皮膚，導致接觸性皮炎。可以在處理山藥前，將手浸在醋水裡；或是削好後，將手在火上烤或泡熱水等，都可以緩解不舒服。

促進胃腸蠕動

黑棗燉素肉

4 人份
難易度
★

材料：黑棗 12 粒、枸杞 10 公克、素肉片 45 公克、水 1200c.c.

調味料：鹽 1 小匙

做法：

1. 黑棗、枸杞各洗淨；素肉片洗淨備用。

2. 取內鍋，放入素肉片、黑棗、枸杞，加入水。

3. 內鍋放入電鍋中，外鍋加 1 杯水，按下開關，煮至開關跳起燜 10 分鐘。

4. 加入調味料拌勻即完成。

這裡的素肉可以用其他素料替代。

 料 理 小 學 堂

黑棗、紅棗一樣嗎？

紅棗有「天然維生素」的美稱，價格平易近人，藥用價值卻很高，它是晒乾後的大棗；至於常用來入藥的黑棗，則是大棗經低溫燻焙方式，使果皮變得較深的狀態。

紅棗主要功效是補血、補氣；而黑棗則是調養脾胃、促進腸胃蠕動，刺激排便。

健脾益腎

紅棗花生燉麵輪

材料：花生 150 公克、麵輪 80 公克、紅棗 10 粒、水 1300c.c.

調味料：鹽 1 小匙

做法：

1. 花生洗淨，泡水至少 6 小時。

2. 麵輪、紅棗洗淨備用。

3. 取內鍋，放入花生、麵輪、紅棗，加入水。

4. 內鍋放入電鍋中，外鍋加入 2 杯水，按下開關，煮至開關跳起。

5. 加入調味料，再燜 10 分鐘即完成。

煮麵輪時先以熱水泡軟再擠乾，可以去除多餘油質。

 料 理 小 學 堂

花生

花生又稱為「長生果」，和黃豆一樣有「素中之葷」的美稱。花生的營養價值極高，蛋白質含量高達 30%，比動物性食品更易於被人體吸收。但是花生很容易受潮變霉，產生耐高溫、煎、炒、煮、炸等都分解不了的黃麴黴菌毒素。所以發霉的花生米絕不可以吃。

4 人份
難易度
★

溫心潤胃
養生四神湯

材料：當歸 8 公克、川芎 5 公克、茯苓 40 公克、淮山 40 公克、芡實 50 公克、蓮子 40 公克、薏仁 80 公克、水 1300c.c.

調味料：鹽 1 茶匙

做法：
1. 將所有材料洗淨瀝乾備用。
2. 取內鍋，放入所有材料，加入水。
3. 內鍋放入電鍋中，外鍋加 2 杯水，按下開關，煮至開關跳起後燜 15 分鐘。
4. 再加鹽拌勻即完成。

Tips

1. 雖然沒有加上任何蔬菜或素料，卻因為有了蓮子、薏仁，依舊有飽足感。

2. 這款四神湯口味清淡，如果想加素料，建議選擇味道不要太重的豆腸或豆包。

 料 理 小 學 堂

四神湯

「四神湯」又叫「四臣湯」，由蓮子、淮山、芡實、茯苓搭配豬肚一起燉煮。因為它有溫脾、健胃、補腎、利濕的效果，因此向來是婆媽們為家裡「脾胃不開」的兒童燉煮的藥膳之一。這裡加了當歸可以讓藥膳更美味；同時也加了很有利濕作用的薏仁，所以取名「養生四神湯」。

4 人份
難易度
★★

湯頭甜美

蓮藕紅棗雪蓮湯

材料：雪蓮子 80 公克、蓮藕 250 公克、紅棗 8 粒、枸杞 5 公克、水 1300c.c.

調味料：鹽 1 小匙

做法：

1. 雪蓮子加水泡一晚。
2. 蓮藕洗淨去皮切塊；紅棗、枸杞洗淨備用。
3. 取內鍋，放入雪蓮子、蓮藕及紅棗，加入水。
4. 內鍋放入電鍋中，外鍋加入 2 杯水，按下開關，煮至開關跳起，放入枸杞後再燜 5 分鐘。
5. 加入調味料拌勻即完成。

 Tips

1. 雪蓮子催芽後，約煮 10 ～ 12 分鐘就熟透；沒有催芽，煮的時間較長，口感也有差。
2. 雪蓮子也可以單獨食用，拿來做成豆泥，是最受歡迎的吃法之一。

料 理 小 學 堂

雪蓮子

雪蓮子就是鷹嘴豆，原產於中東及南歐地區，被認定是地球上已知最早的農作物之一，是富含膳食纖維、植物蛋白、維生素等的「超級食物」，更被茹素者視為補充蛋白質的好選擇之一。

快速又營養

南瓜腰果湯

4 人份
難易度
★

材料：南瓜 350 公克、腰果 60 公克、薑 15 公克、水 1300c.c.

調味料：鹽 1 小匙

做法：

1. 南瓜洗淨去籽切塊、腰果洗淨；薑洗淨切片備用。

2. 取內鍋，放入南瓜、腰果、薑片，加入水。

3. 內鍋放入電鍋中，外鍋加入 1 又 1/2 杯水，按下開關，煮至開關跳起燜 5 分鐘。

4. 加入調味料拌勻即完成。

 Tips

也可以將煮好的湯放入果汁機，打成濃湯狀來喝也很不錯。

 料 理 小 學 堂

腰果

腰果是很受歡迎的乾果，既是零食，也能當作佐菜用的食材。腰果含有豐富的油脂、維生素 B1、胺基酸及蛋白質等，尤其蛋白質是一般穀類作物的 2 倍之多。多食腰果，有緩解便祕、降壓的功效。

4 人份

難易度
★

清熱解毒

海帶綠豆湯

材料：乾海帶 20 公克、綠豆 250 公克、水 1300c.c.

調味料：糖適量

做法：
1. 乾海帶擦乾淨，剪成條狀備用。
2. 綠豆洗淨泡水至少 2 小時備用。
3. 取內鍋，放入綠豆、海帶，加入水。
4. 內鍋放入電鍋中，外鍋加入 2 杯水，按下開關，煮至開關跳起。
5. 加入調味料拌勻，再燜 5 分鐘即完成。

Tips

1. 這是一道非常有名的港式甜點。鹹中帶甜、甜中帶鹹，和 P.114 的陳皮紅豆湯有異曲同工之妙。

2. 海帶輕輕的擦乾淨或清洗乾淨即可，不要汆燙，汆燙會將海帶味道和海水味沖走。

3. 想再加一點陳皮一起燉煮也可以。

料理小學堂

海帶

具有海味的海帶，有降血壓、排毒通便的效果；而綠豆性寒，具有消暑、清熱解毒、利尿之效。因此經常喝海帶綠豆湯，則能清熱解毒、通便清肺。

4 人份
難易度
★

獨特的滋味

豆漿麥仁
綠豆湯

材料：綠豆 150 公克、麥仁 80
公克、水 600c.c.、豆漿 700c.c.

調味料：糖適量

做法：
1. 綠豆、麥仁洗淨泡水至少 2
   小時備用。
2. 取內鍋，放入綠豆及麥仁，
   加入水。
3. 內鍋放入電鍋中，外鍋加入 1
   又 1/2 杯水，按下開關，煮至
   開關跳起燜 10 分鐘。
4. 加入糖，倒入豆漿拌勻，外
   鍋再加入 1/2 杯水，續煮至開
   關跳起燜 5 分鐘即完成。

Tips

1. 麥仁的營養價值極高，與豆
   漿、綠豆搭配，非常好吃。
2. 綠豆即使泡過頭也沒有關
   係，發了芽的綠豆，營養更
   豐富。

料理小學堂

麥仁

又叫大麥米，為全麥穀物顆
粒，營養價值非常豐富，它
富含食物纖維、蛋白質等，
不僅能夠幫助腸道消化，對
於身體排毒也有一定的幫助。
加上麥仁含糖量低，即使糖
尿病人也能適量食用。

喝對能減肥

紅豆薏仁湯

4 人份
難易度
★★

材料：紅豆 150 公克、薏仁 80 公克、水 1300c.c.

調味料：糖 80 公克

做法：
1. 紅豆洗淨泡水 6 小時；薏仁洗淨泡水 2 小時備用。
2. 取內鍋，放入紅豆及薏仁，加入水。
3. 內鍋放入電鍋中，外鍋加入 2 杯水，按下開關，煮至開關跳起燜 5 分鐘。
4. 外鍋再加 2 杯水，煮至開關跳起。
5. 加入調味料拌勻，蓋上鍋蓋再燜 10 分鐘即完成。

Tips

紅豆薏仁湯除了最基本的這兩種食材，還可以有一些變化，如桂圓、紅棗、百合與蓮子等，都很適合加入。

料 理 小 學 堂

紅豆

平常食用的紅豆，以赤小豆為主，外觀偏長橢圓形，顏色暗紅而且有明顯的白色筋線，和詩中所說的扁圓形、顏色艷紅發亮且無白色筋線的紅豆（又名相思豆）不是同一種食物。重要的是相思豆有毒，不可食用。

4 人份
難易度
★★

就愛這一味
芋香椰奶甜湯

材料：芋頭 500 公克、椰奶 350c.c.、水 1000c.c.

調味料：糖 80 公克

做法：

1. 芋頭去皮，洗淨擦乾切成塊狀。

2. 取內鍋，放入芋頭，加入水。

3. 內鍋放入電鍋中，外鍋加入 1 杯水，按下開關，煮至開關跳起燜 5 分鐘。

4. 加入調味料，倒入椰奶拌勻，外鍋再加 1/4 杯水，續煮至開關跳起即完成。

Tips

削芋頭跟山藥一樣容易出現手癢的狀況，可參考 P.89「削山藥手癢怎麼辦？」處理。

料理小學堂

芋頭

芋頭有醣類、膳食纖維、維生素 C、維生素 B 等，有增強人體免疫力的功能。在中醫眼中，它有開胃生津、消炎鎮痛、解毒、補氣益腎等功效，對於胃痛、慢性腎炎等有效果。

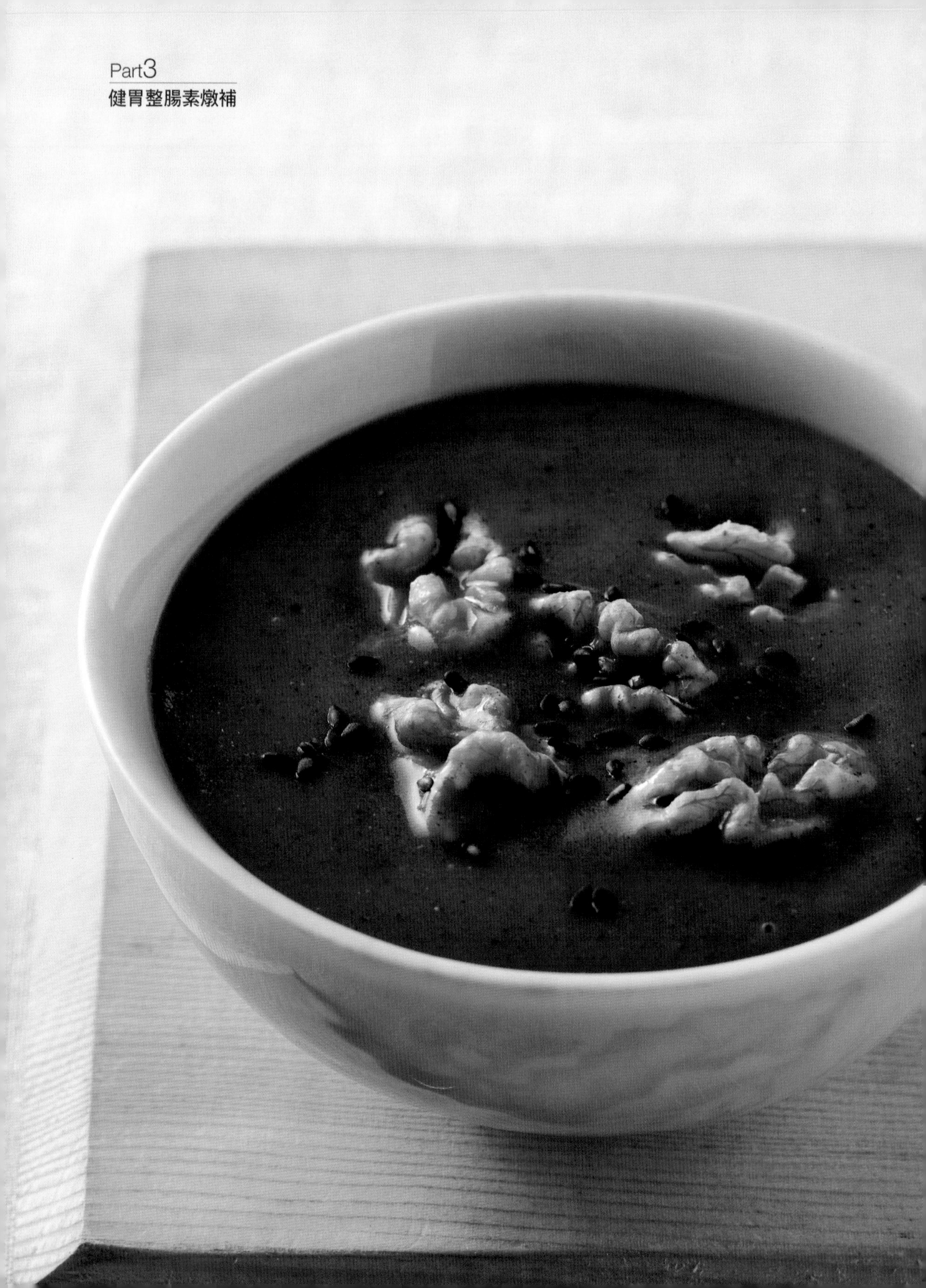

4 人份
難易度
★★

香純綿密
核桃芝麻糊

材料：熟核桃 60 公克、糙米飯 250 公克、黑芝麻粉 50 公克、黑芝麻粒少許、冷開水 1200c.c.

調味料：糖 60 公克、紅糖 20 公克

做法：

1. 熟核桃 50 公克、糙米飯放入果汁調理機中，加入冷開水 600c.c.，攪打均勻備用。

2. 取內鍋，倒入步驟 1 的食材，加入黑芝麻粉再加入冷開水 600c.c. 拌勻。

3. 內鍋放入電鍋中，外鍋加入 1/2 杯水，按下開關，煮至開關跳起。

4. 加入調味料拌勻，放入熟核桃 10 公克，撒上黑芝麻粒即完成。

用糙米飯來製作芝麻糊，能讓甜品有黏稠度，也更有營養。

 料 理 小 學 堂

黑芝麻

黑芝麻是非常推薦的食材，含有的多種人體必需胺基酸、鐵質、維生素 E 及 B1 等，在預防貧血、活化腦細胞等有明顯功效；加上具補肝腎、潤五臟等作用，對於頭髮早白、四肢乏力、便祕等病症改善的功效，更是有口皆碑。

4 人份
難易度
★

營養滿分

紅藜麥仁粥

材料：紅藜麥 30 公克、麥仁 150 公克、水 1300c.c.

調味料：冰糖 70 公克、黑糖 10 公克

做法：

1. 紅藜麥洗淨；麥仁洗淨泡水 3 小時備用。

2. 取內鍋，放入麥仁、紅藜麥，加入水。

3. 將內鍋放入電鍋中，外鍋加入 1 又 1/2 杯水，按下開關，煮至開關跳起。

4. 加入調味料拌勻，再燜 10 分鐘即完成。

麥仁又叫洋薏仁，雖然沒有薏仁的美白、去水腫效果，但有豐富膳食纖維跟 B 群。

 料 理 小 學 堂

紅藜麥

台灣藜為台灣原生種植物，台灣原住民早已經耕作上百年，富含蛋白質、膳食纖維及鈣、鐵、鋅。可避免過敏，可幫助身體酸鹼平衡，是非常棒的超級食物。

4 人份
難易度
★

入口鬆綿
花生牛奶甜湯

材料：花生仁 200 公克、水 900c.c.、鮮奶 300c.c.

調味料：糖適量

做法：
1. 花生仁洗淨泡水 6 小時備用。
2. 取內鍋，放入花生仁，加入水。
3. 內鍋放入電鍋中，外鍋加入 2 杯水，按下開關，煮至開關跳起燜 10 分鐘。
4. 加入糖拌勻，再倒入鮮奶，外鍋再加 1/3 杯水，煮至開關跳起燜 5 分鐘即完成。

Tips

1. 略帶膚色的淡黃色，才是好的花生仁，若是顏色過白，很可能是經過加工而成的。
2. 想要讓花生仁快速軟化，放入電鍋煮時，可以加入一勺小蘇打（綠豆、紅豆也適合這煮法）。
3. 另一種快速煮軟花生仁的方法，可以將花生仁泡水後，瀝乾水分放入冰箱冷凍一晚。隔天不用退冰，直接放入電鍋中煮。
4. 煮好的花生仁，可以加入自己喜歡的調味，像是奶粉、牛奶或薑泥等。
5. 跟紅豆湯一樣，要煮好之後才加糖，如此才能讓花生煮得更軟爛、綿密。

4 人份
難易度
★

古早味料理

薑母紅糖地瓜湯

材料：黃地瓜 250 公克、紅地瓜 250 公克、薑母 60 公克、水 1300c.c.

調味料：紅糖適量

做法：

1. 黃地瓜、紅地瓜分別洗淨，去皮切成塊狀；薑母洗淨切片或拍扁備用。

2. 取內鍋，放入地瓜、薑片，加入水。

3. 內鍋放入電鍋中，外鍋加入 1 杯水，按下開關，煮至開關跳起燜 5 分鐘。

4. 加入調味料拌勻即完成。

Tips

1. 地瓜可以做的料理很多，除了蒸、烤或蜜，還可以煮湯、煮稀飯，或做成粉蒸肉、裹粉油炸等。

2. 地瓜品種很多，常見的有台農 57 號的黃金地瓜、台農 66 號紅心地瓜、紫心地瓜、栗子地瓜等。

料理小學堂

地瓜

選購地瓜時，要挑選平滑沒有發芽的地瓜，同時鬚根越多表示越接近發芽階段，比較不新鮮。保存方式建議置於室溫乾燥陰暗處，或是放入牛皮紙袋或麻袋，三不五時翻翻面；或先將地瓜蒸熟或烤熟，放入冷凍保存，再慢慢享用。

4 人份
難易度 ★★

簡單輕鬆補

薏仁
紫地瓜湯

材料：熟薏仁 150 公克、紫地瓜 300 公克、水 1300c.c.

調味料：糖 80 公克

做法：
1. 紫地瓜洗淨，去皮切成小塊備用。
2. 取內鍋，放入紫地瓜，加入水。
3. 內鍋放入電鍋中，外鍋加入 1 杯水，按下開關，煮至開關跳起燜 5 分鐘。
4. 加入調味料拌勻，再加入熟薏仁即完成。

Tips

薏仁比較不容易熟，所以可以先將薏仁煮好，冷凍起來。

🍄 料 理 小 學 堂

紫地瓜

在台灣，地瓜的種類很多，常見的有紅色、黃色、紫色三種。其中紅色地瓜最甜，富含 β-胡蘿蔔素；秋季盛產的黃地瓜則肉質鬆軟、Q 彈，是許多糕餅製作或是提煉澱粉的好選擇。至於近幾年的新寵紫地瓜，口感雖然偏乾，但卻富含纖維、花青素，可以改善便祕，促進排便。

4 人份
難易度
★★

去濕消水腫

陳皮紅豆湯

材料：陳皮 15 公克、紅豆 250 公克、水 1300c.c.

調味料：糖 80 公克

做法：

1. 紅豆洗淨泡水 6 小時；陳皮剪成絲洗淨備用。
2. 取內鍋，放入紅豆、陳皮，加入水。
3. 內鍋放入電鍋中，外鍋加入 2 杯水，按下開關，煮至開關跳起燜 5 分鐘。
4. 外鍋再加 1 杯水，續煮至開關跳起，燜 5 分鐘。
5. 加入調味料拌勻即完成。

Tips

這道超級簡單甜湯，有補心、去水腫的紅豆，加上理氣補胃、通氣除煩的陳皮，建議可以常喝。

料 理 小 學 堂

陳皮

陳皮很常見，光是清水煮陳皮，就有化痰止咳、消除口臭、緩解便祕的好處，它不僅可以拿來煮紅豆湯，平常的鹹食料理，也可以用來調味。

Cook50197

大忙人的電鍋素燉補

零失敗、免廚藝、提升免疫力的養生湯品天天做

作者	江豔鳳	
攝影	徐榕志	
美術設計	鄧宜琨	
編輯	劉曉甄	
校對	連玉瑩	
企畫統籌	李橘	
總編輯	莫少閒	
出版者	朱雀文化事業有限公司	
地址	台北市基隆路二段 13-1 號 3 樓	
電話	02-2345-3868	
傳真	02-2345-3828	
劃撥帳號	19234566　朱雀文化事業有限公司	
e-mail	redbook@hibox.biz	
網址	http://redbook.com.tw	
總經銷	大和書報圖書股份有限公司 (02)8990-2588	
ISBN	978-986-98422-7-3	
初版一刷	2020.04	
定價	350 元	
出版登記	北市業字第 1403 號	

國家圖書館出版品預行編目 (CIP) 資料

大忙人的電鍋素燉補：零失敗、免廚
藝、提升免疫力的養生湯品天天做 / 江
豔鳳著 . -- 初版 . -- 臺北市 : 朱雀文化 ,
2020.04
面；　公分 . -- (Cook50 ; 197)
ISBN 978-986-98422-7-3(平裝)

1. 素食食譜

About 買書

●朱雀文化圖書在北中南各書店及誠品、金石堂、何嘉仁等連鎖書店均有販售，如欲購買本公司圖
書，建議你直接詢問書店店員。如果書店已售完，請撥本公司電話 (02)2345-3868。
●●至朱雀文化網站購書（http://redbook.com.tw），可享 85 折優惠。
●●●至郵局劃撥（戶名：朱雀文化事業有限公司，帳號 19234566），掛號寄書不加郵資，4 本以
下無折扣，5 ～ 9 本 95 折，10 本以上 9 折優惠。